Dilbagsingh Mondloe

Carregamento solar de automóveis com iluminação de sombras de estacionamento

Dilbagsingh Mondloe

Carregamento solar de automóveis com iluminação de sombras de estacionamento

A utilização da energia solar

ScienciaScripts

Imprint

Cover image: www.ingimage.com

This book is a translation from the original published under ISBN 978-3-659-87071-2.

Publisher:
Sciencia Scripts
is a trademark of
Dodo Books Indian Ocean Ltd. and OmniScriptum S.R.L publishing group

120 High Road, East Finchley, London, N2 9ED, United Kingdom
Str. Armeneasca 28/1, office 1, Chisinau MD-2012, Republic of Moldova, Europe
Managing Directors: Ieva Konstantinova, Victoria Ursu
info@omniscriptum.com

Printed at: see last page
ISBN: 978-620-8-40555-7

PREFÁCIO

A energia é uma das questões que está a causar mais controvérsia porque, depois da combustão dos combustíveis fósseis, é a que mais polui e a que mais contribui para o efeito de estufa. A importância crescente das preocupações ambientais, da poupança de combustível e da indisponibilidade de energia eléctrica levou à renovação do interesse pelas energias renováveis, como a energia solar e outras energias não convencionais.

Neste projeto, foi introduzida uma forma inovadora de utilizar a energia solar. Para o efeito, utiliza um telhado de alta qualidade como sombra de estacionamento. Está integrado com o sistema fotovoltaico e gera energia eléctrica. A energia gerada é utilizada para carregar os modernos carros eléctricos e também para a iluminação nocturna dos parques de estacionamento. Este produtor solar-elétrico tornar-se-á um carregador de carros modernos e sombras de estacionamento amigo do ambiente.

ÍNDICE DE CONTEÚDOS:

CAPÍTULO 1

Introdução

1.1 Antecedentes:

Normalmente, os veículos automóveis utilizam combustíveis convencionais como combustível para o motor, mas estima-se que as reservas mundiais de petróleo sejam apenas para os próximos 30 a 40 anos. Assim, nos países desenvolvidos e em desenvolvimento, as pessoas estão atualmente a avançar para os veículos automóveis eléctricos, como carros eléctricos, bicicletas eléctricas, etc., porque são mais eficientes e mais baratos do que os veículos automóveis normais que funcionam com gasolina ou gasóleo.

Para além disso, para estacionar qualquer carro ou veículo automóvel sob luz solar intensa, é necessário utilizar os toldos de estacionamento. Estas sombras de estacionamento impedem a luz do sol e fornecem abrigo ao veículo. Durante este período, há um grande desperdício de energia solar no parque devido à maior quantidade de luz solar.

1.2 História:

1.2.1 História dos automóveis eléctricos:

O veículo elétrico não é um desenvolvimento recente. Na verdade, o veículo elétrico existe há mais de 100 anos e tem uma história interessante de desenvolvimento que continua até hoje.

A França e a Inglaterra foram as primeiras nações a desenvolver o veículo elétrico no final do século XIX. Foi só em 1895 que os americanos começaram a dedicar atenção aos veículos eléctricos. Seguiram-se muitas inovações e o interesse pelos veículos a motor aumentou muito no final da década de 1890 e início da década de 1900. Em 1897, a primeira aplicação comercial foi estabelecida como uma frota de táxis da cidade de Nova Iorque.

Os primeiros veículos eléctricos, como o Wood's Phaeton de 1902, eram pouco mais do que carruagens sem cavalos e surreys electrificados. O Phaeton tinha uma autonomia de 18 milhas, uma velocidade máxima de 14 mph e custava $2.000.

Na viragem do século, os anos de 1899 e 1900 foram o ponto alto dos veículos eléctricos na América, uma vez que ultrapassaram todos os outros tipos de automóveis. Os veículos eléctricos tinham muitas

vantagens sobre os seus concorrentes no início do século XX. Não tinham a vibração, o cheiro e o ruído associados aos carros a gasolina. Esta viagem continua e, atualmente, muitas empresas estrangeiras de fabrico de automóveis estão a desenvolver automóveis eléctricos de alta tecnologia.

1.2.2 História do painel solar:

Em 1839, Alexander Edmond Becquerel descobriu o efeito fotovoltaico, que explica como a eletricidade pode ser gerada a partir da luz solar. Afirmou que "a luz incidente sobre um elétrodo submerso numa solução condutora criaria uma corrente eléctrica". No entanto, mesmo depois de muita investigação e desenvolvimento após a descoberta, a energia fotovoltaica continuou a ser muito ineficiente e as células solares foram utilizadas principalmente para fins de medição da luz.

Mais de 100 anos depois, em 1941, Russell Ohl inventou a célula solar, pouco depois da invenção do transístor.

Em 1954, três investigadores americanos, Gerald Pearson, Calvin Fuller e Daryl Chapin, conceberam uma célula solar de silício capaz de obter uma eficiência de conversão de energia de 6% com luz solar direta.

Os três inventores criaram um conjunto de várias tiras de silício (cada uma com o tamanho de uma lâmina de barbear), colocaram-nas à luz do sol, captaram os electrões livres e transformaram-nos em corrente eléctrica. Criaram assim os primeiros painéis solares. Os Laboratórios Bell, em Nova Iorque, anunciaram o fabrico de um protótipo de uma nova bateria solar. A Bell tinha financiado a investigação. O primeiro teste de serviço público da bateria solar da Bell começou com um sistema de operadora telefónica (Americus, Geórgia) em 4 de outubro de 1955.

1.3 Vantagens da energia solar:

- A energia solar é gratuita, embora exista um custo na construção de "colectores" e de outro equipamento necessário para converter a energia solar em eletricidade ou água quente.
- A energia solar pode ser utilizada em áreas remotas onde é demasiado dispendioso estender a rede eléctrica.
- A energia solar não causa poluição.
- A energia solar é infinita, Por outro lado, estima-se que as reservas mundiais de petróleo durem 30 a 40 anos.
- Os sistemas de energia solar são comparativamente isentos de manutenção.
- A energia solar ajuda a abrandar/parar o aquecimento global.

1.4 Desvantagens da energia solar:

- A energia solar só pode ser obtida durante o dia e com sol.
- Os colectores, painéis e células solares são relativamente caros de fabricar, embora os preços estejam a baixar rapidamente.
- Nos locais, a energia solar também não é fiável como fonte de energia. Os céus nublados reduzem a sua eficácia.
- São necessárias grandes áreas de terreno para captar a energia do sol.
- A energia solar é utilizada para carregar baterias, de modo a que os aparelhos alimentados a energia solar possam ser utilizados durante a noite. No entanto, as baterias são grandes e pesadas e necessitam de espaço de armazenamento.

1.5 Principais benefícios da energia solar e dos automóveis eléctricos:

Benefícios energéticos:

- A contribuição da energia solar na Índia é de 2,14% da produção total de eletricidade.
- Os veículos eléctricos convertem cerca de 60% da energia eléctrica da rede em energia nas rodas.
- O carro solar ajudará a maximizar a utilização da energia solar e a diminuir o consumo de combustíveis convencionais a gasolina.

Benefícios ambientais:

- Reduz a poluição atmosférica
- Nenhum efeito no clima (tempo)
- Reduz a necessidade de mais centrais eléctricas alimentadas a combustíveis fósseis
- Nenhum efeito na paisagem
- Recurso ilimitado
- Sem poluição sonora durante a produção de energia
- Não utilizar e desperdiçar água para produzir eletricidade
- Travar/retardar os efeitos do aquecimento global

CAPÍTULO 2

Revisão da literatura:

- Mohd Tariq, Sagar Bhardwaj, Mohd Rashid publicaram um artigo sobre "Effective battery charging system by solar energy using Microcontroller" (Sistema eficaz de carregamento de baterias por energia solar utilizando microcontrolador), no qual descrevem um sistema fiável e eficaz de carregamento de painéis solares que consiste num painel solar com o tamanho e a forma desejados. Este sistema integrado regula a eletricidade produzida (depois de convertida em corrente alternada a partir de corrente contínua) entre a bateria de armazenamento e a saída de carga com a ajuda de um microcontrolador.
- M. W. Daniels e P. R. Kumar publicaram um artigo sobre "A utilização optimizada do automóvel movido a energia solar", no qual descrevem a forma de utilizar um automóvel movido a energia solar de forma optimizada, mais conducente a um resultado favorável. Incluíram a velocidade e a quantidade de carga necessárias para obter o melhor desempenho do automóvel movido a energia solar.
- Pallavi Sharma, Parul Verma e Anuj Pal publicaram um artigo sobre "ELECTRICAL DESIGNING OF SOLAR CAR" Este artigo de investigação apresenta a conceção eléctrica e a análise dos componentes eléctricos de um carro solar. Este artigo analisa os componentes eléctricos de um veículo solar, uma vez que os componentes eléctricos desempenham um papel muito importante na movimentação do veículo solar. Este sistema é composto por um módulo solar, módulos de controlo de carga e um motor BLDC, que se transformou no veículo movido a energia solar.
- T.M. Razykova, C.S. Ferekides, D. Morel, E. Stefanakos, H.S. Ullal e H.M. Upadhyaya publicaram um artigo sobre "Solar photovoltaic electricity: Current status and future prospects", no qual analisam os progressos técnicos realizados nos últimos anos no domínio das tecnologias fotovoltaicas (PV) de película fina mono e policristalina. Além disso, também previram os aspectos futuros da eletricidade solar fotovoltaica.
- F. Mejia, J. Kleissl e J. L. Bosch publicaram um artigo sobre "O efeito das poeiras nos sistemas solares fotovoltaicos", no qual discutem os efeitos das poeiras na eficiência dos painéis solares. Observaram uma diminuição da eficiência de 7,2% para 5,6% durante um período seco de 108 dias no verão.
- Ivan Arsie, Gianfranco Rizzo, Marco Sorrentino publicaram um artigo sobre "OPTIMAL DESIGN AND DYNAMIC SIMULATION OF A HYBRIDSOLAR VEHICLE" (Conceção optimizada e simulação dinâmica de um veículo híbrido solar), no qual abordam um estudo pormenorizado sobre o dimensionamento optimizado de um veículo híbrido solar, com base num modelo dinâmico longitudinal do veículo e tendo em conta os fluxos de energia, o peso e os

custos.

- Tarujyoti Buragohain publicou um artigo sobre o "Impacto da energia solar no desenvolvimento rural da Índia", no qual aborda a utilização da energia solar nas zonas rurais que estão desligadas das centrais eléctricas e o seu impacto no desenvolvimento da Índia.
- Brian Goss, Ian Cole, Thomas Betts e Ralph Gottschalg publicaram um artigo sobre "Irradiance modeling for individual cells of shaded solar photovoltaic arrays" (Modelação da irradiância para células individuais de conjuntos solares fotovoltaicos sombreados).
- Geca, M., Wendeker, M., e Grabowski, L. publicaram um artigo sobre "A City Bus Electrification Supported by the Photovoltaic Power Modules" (Eletrificação de autocarros urbanos apoiada por módulos de energia fotovoltaica). Neste artigo, abordaram um estudo pormenorizado sobre o dimensionamento ótimo de um veículo híbrido solar, com base num modelo dinâmico longitudinal do veículo e tendo em conta os fluxos de energia, o peso e os custos.

CAPÍTULO 3

Princípio de funcionamento e construção

3.1 Princípio:

As células solares são constituídas basicamente por semicondutores do tipo p e do tipo n com dois contactos metálicos, um do tipo p e outro do tipo n, como mostra a figura. Estes dois tipos de semicondutores formam uma junção p-n com o tipo n virado para o sol.

Quando os fotões de alta energia atingem a célula solar, são absorvidos para excitação dos electrões na banda de condução e o excesso de energia é libertado sob a forma de calor. Estes electrões excitados são atraídos para o semicondutor do tipo n. Isto provoca mais cargas negativas nos semicondutores do tipo n e mais cargas positivas nos semicondutores do tipo p.

Se for ligada uma carga eléctrica entre os dois tipos de semicondutores, os electrões começam a fluir dos semicondutores de tipo n para os de tipo p através da carga. Assim, a energia dos fotões é diretamente convertida em energia eléctrica.

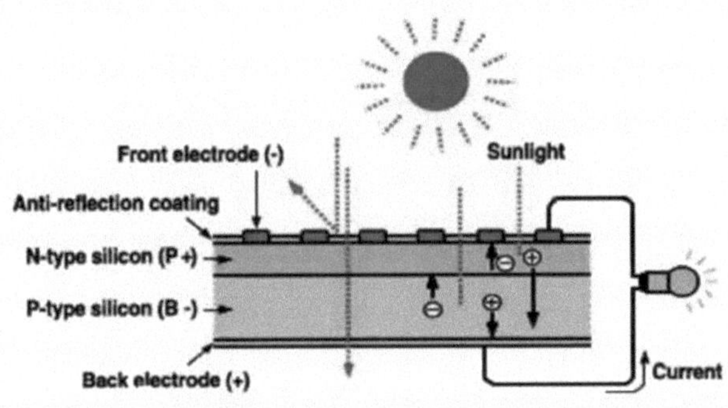

Fig 3.1 Princípio de funcionamento da célula solar

3.2 Componentes:

Os principais componentes do sistema de carregamento solar para automóveis são os seguintes

1. Painel solar
2. Armazenamento da bateria
3. Inversor
4. Controlador de sobrecarga
5. Poste de iluminação

3.2.1 Painel solar:

Tal como referido no capítulo introdutório, o painel solar é um dispositivo que converte diretamente a energia solar em energia eléctrica através do efeito fotovoltaico, ou seja, a conversão da luz em eletricidade.

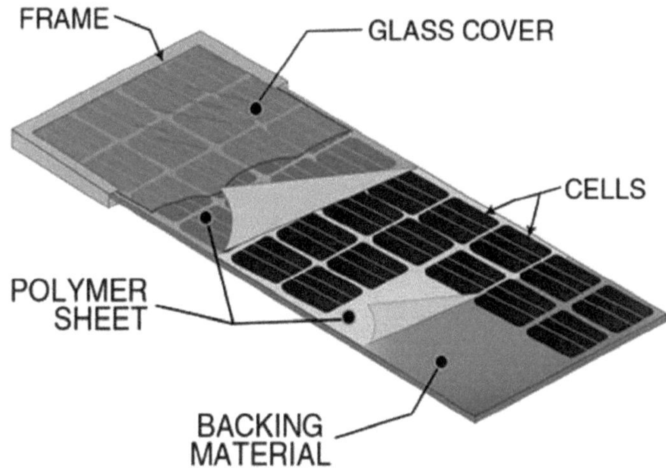

3.2 Construção de painéis solares

Pode ser definido como um painel de energia solar térmica ou um conjunto de módulos solares fotovoltaicos (PV) que estão ligados eletricamente e montados numa estrutura de suporte.

Cada módulo do painel solar é classificado de acordo com a potência de saída DC que pode ser obtida com ele. Geralmente, situa-se entre 100-380 watts por módulo.

PANEL TYPE	**EFFICIENCY**	**PRICE**
Mono crystalline	11-14%	Higher
Poly crystalline	10-12%	Medium
Amorphous	6-8%	Lower

QUADRO 3.1 TIPOS DE PAINÉIS SOLARES COM PORMENORES

3.2.2 Armazenamento da bateria:

O requisito de armazenamento da bateria em qualquer sistema solar é muito necessário porque os painéis solares convertem a energia solar diretamente para a saída de energia DC, por isso é necessário um dispositivo que possa armazenar a energia gerada pelos painéis solares. Assim, as baterias eficientes estão a desempenhar um papel importante em qualquer sistema solar.

A bateria mais eficiente para o sistema solar é a "bateria de ciclo profundo", que não é mais do que uma bateria de chumbo-ácido concebida para ser regularmente descarregada em profundidade, utilizando a maior parte da sua capacidade.

3.3 Bateria de ciclo profundo

A bateria deve ser colocada num local com proteção mecânica adequada e ao abrigo de interferências. Isto é normalmente conseguido através de uma caixa especialmente concebida com suficiente circulação de ar.

3.2.3 Controlador de sobrecarga:

Para parar a sobrecarga da bateria de um sistema solar O controlador de sobrecarga é um componente muito importante no sistema. Ajuda a aumentar o desempenho e a vida útil da bateria, controlando a sobrecarga da bateria.

As principais vantagens do controlador de sobrecarga solar são a proteção contra sobrecarga, a proteção contra sobrecarga, a proteção contra curto-circuitos, etc.

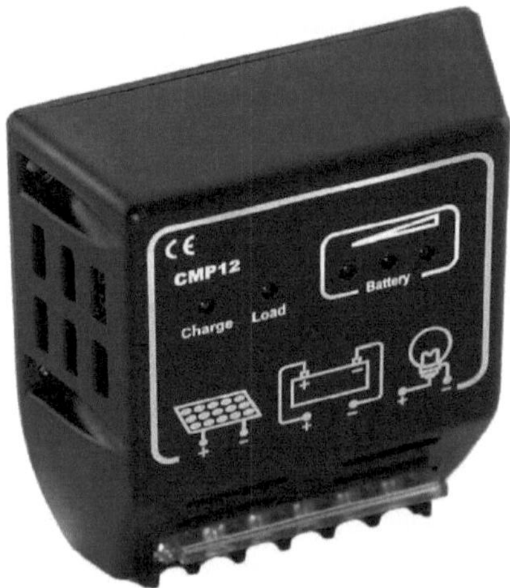

3.4 Controlador de sobrecarga solar

Para evitar a descarga nocturna das baterias, os controladores passam a corrente através de um semicondutor, permitindo apenas que a corrente flua numa direção, mas aqui a principal função deste controlador é melhorar a vida útil da bateria através do corte da energia quando a bateria estiver totalmente carregada.

3.2.4 Poste de iluminação:

O poste de iluminação é composto por uma lâmpada de led ou de sódio que é alimentada por uma bateria durante a noite. Deve fornecer uma iluminação adequada durante o período de funcionamento. Deve ser ligado/desligado por meio de um interrutor manual ou de um interrutor automático de deteção de luz.

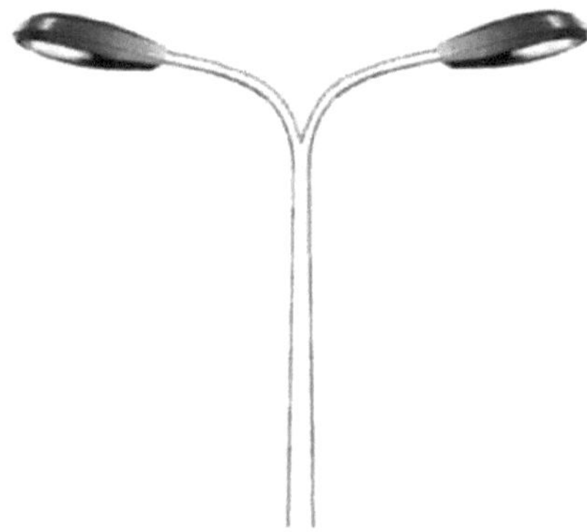

3.5 Poste de iluminação

Assim, utilizando a energia solar, podemos fornecer a iluminação nas sombras de estacionamento, bem como carregar veículos móveis eléctricos.

3.3 Porque é que precisamos de um controlador de sobrecarga?

Uma vez que os painéis solares funcionam durante todo o dia quando a luz solar incide sobre eles, produzem eletricidade durante todo esse tempo e esta eletricidade é transferida para a bateria. Por vezes, a bateria fica totalmente carregada, mas a energia de carregamento de entrada continua a ser transferida para a bateria. Neste ponto, a sobrecarga da bateria é iniciada.

Uma sobrecarga forte tende a converter a água no eletrólito em hidrogénio e gás oxigénio, deixando para trás o ácido sulfúrico.

3.3.1 Efeitos da sobrecarga:

- Reduz a vida útil da bateria
- Perda de capacidade da bateria
- Danos no nível e concentração do eletrólito da bateria
- Causa o inchaço nas placas da bateria

- Existe a possibilidade de ocorrerem curto-circuitos internos.
- Corrosão nas placas da bateria
- Gaseificação e perda de água da bateria
- As faíscas e os gases podem provocar a explosão da bateria
- Pode causar a morte permanente da bateria

3.6.Explosão da bateria devido a sobrecarga

Então, o que fazer para parar o carregamento excessivo da bateria?

3.4 Funções do controlador de sobrecarga solar:

- Para evitar que a bateria sofra danos por sobrecarga
- Para proteção contra o curto-circuito
- Para proteção contra sobrecarga de energia
- Para melhorar o tempo de vida da bateria
- Para reduzir a descarga da bateria
- Para indicar baixa tensão da bateria

3.5 Vantagens do controlador de carregamento solar:

- Ajuda a melhorar a duração da bateria
- O utilizador pode saber o estado de carregamento da bateria
- Devido ao fluxo de corrente em linha única, reduz a taxa de descarga
- Segurança contra explosão da bateria
- Ajuda a fornecer uma carga saudável à bateria
- Manter a concentração do eletrólito
- Reduzir a manutenção da bateria
- Fácil de utilizar e económico

3.6 Funcionamento básico:

A base de funcionamento do carregamento do carro solar é apresentada no gráfico abaixo. Consiste numa luz solar, um número de painéis solares, uma bateria de controlo de sobrecarga, carros eléctricos e outros componentes menores.

Como se pode ver no gráfico abaixo, podemos compreender claramente o funcionamento básico do carregamento solar do automóvel utilizando sombras de estacionamento. Os raios de sol incidem sobre o painel solar, que contém fotografias de alta energia. Devido a estas fotos de alta energia no painel solar, a eletricidade é produzida com as excitações dos electrões. O painel solar é montado corretamente no telhado das persianas de estacionamento e, assim, funciona como gerador de eletricidade e como abrigo para os automóveis.

Esta eletricidade gerada fluirá para o controlador de sobrecarga e, em seguida, será armazenada na bateria de armazenamento, de modo a poder ser utilizada durante a noite para iluminar as sombras de estacionamento e carregar os automóveis.

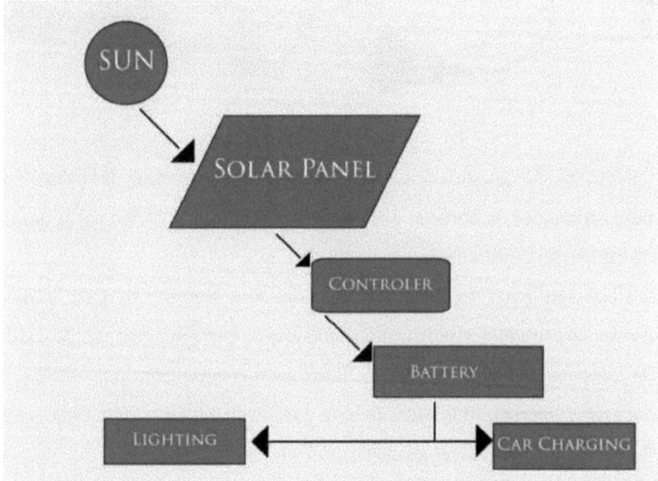

3.7 Gráfico de funcionamento do sistema de carregamento de carros solares

50, durante todo o dia, a eletricidade será armazenada na bateria. Agora, alguém vai colocar o carro para estacionar na sombra do estacionamento e, ao mesmo tempo, pode utilizar a eletricidade armazenada para carregar

os seus carros eléctricos. Para além disso, estas baterias também fornecem a energia suficiente para ligar a iluminação durante a noite.

Assim, o sistema de carregamento solar de automóveis com persianas de estacionamento funciona como as operações de trabalho acima referidas e converte a energia solar em eletricidade diretamente nas persianas de estacionamento.

CAPÍTULO 4

CARRO ELÉCTRICO

4.1 Introdução:

Um automóvel elétrico é um automóvel que é propulsionado por um ou mais motores eléctricos, utilizando energia eléctrica armazenada em baterias ou noutro dispositivo de armazenamento de energia. Os motores eléctricos dão aos automóveis eléctricos um binário instantâneo, criando uma aceleração forte e suave.

4.1 Automóvel híbrido elétrico

Os automóveis eléctricos são automóveis com emissões zero no momento da sua utilização. A bateria é recarregada pelo carregador de bordo e, por vezes, também é carregada a partir da célula eléctrica, que é convertida em energia motriz pelo motor elétrico.

Os carros eléctricos são mais frequentemente carregados durante a noite e nas estações de carregamento à beira da estrada. Existem muitas unidades de carregamento rápido e lento disponíveis no mercado. Os automóveis eléctricos são melhores para o ambiente, uma vez que a sua taxa de emissão é cerca de 40% inferior à dos automóveis a gasolina habituais. Além disso, estes automóveis aumentam a eficiência do combustível até 20%.

4.2 Tipos de automóveis eléctricos:

Existem três tipos diferentes de automóveis eléctricos:

1. Carro elétrico a bateria
2. Automóvel elétrico híbrido plug-in
3. Carro elétrico híbrido

1. Carro elétrico a bateria:

Um automóvel elétrico a bateria (BER) funciona inteiramente com uma bateria e uma unidade de tração eléctrica, sem o apoio de um motor de combustão interna tradicional, e tem de ser ligado a uma fonte externa de eletricidade para recarregar a sua bateria.

2. Automóvel elétrico híbrido plug-in:

Os híbridos plug-in (PHEC) funcionam com uma bateria e uma unidade de tração eléctrica que dependem da rede eléctrica para carregar a bateria através de plug-ins, mas também têm o apoio de um motor de combustão interna que pode ser utilizado para recarregar a bateria do veículo e/ou para substituir a unidade de tração eléctrica quando a bateria está fraca e é necessária mais potência.

3. Carro elétrico híbrido:

O veículo híbrido (HEC) é constituído por um motor a gasolina e um depósito de combustível e por um motor elétrico, uma bateria e controlos. Tanto o motor como o motor elétrico podem fazer girar a transmissão ao mesmo tempo, que por sua vez faz girar as rodas. Os HEC não podem ser recarregados a partir da rede eléctrica; toda a sua energia provém da gasolina e da travagem regenerativa

4.3 Tipos de baterias de automóveis eléctricos:

Existem cinco tipos de baterias para automóveis eléctricos:

1. Bateria de chumbo-ácido
2. Bateria de níquel-hidreto metálico
3. Iões de lítio (Li-ion)
4. Polímero de lítio (Li-poly)
5. Fosfato de ferro-lítio (LFP)

1. Bateria de chumbo-ácido:

As baterias de chumbo-ácido são utilizadas nos automóveis e camiões convencionais para o arranque, a ignição, a iluminação e outras funções eléctricas. São relativamente baratas e têm uma elevada densidade de potência, mas uma densidade de energia relativamente baixa.

2. Bateria de níquel-hidreto metálico:

As baterias de níquel-hidreto metálico são habitualmente utilizadas nos actuais veículos híbridos e são de baixo custo. O seu custo é moderado e têm uma densidade de energia cerca de duas vezes superior à das baterias de chumbo-ácido. Têm também uma taxa de auto-descarga mais elevada, ou seja, a tendência para se descarregarem quando não são utilizadas,

3. Iões de lítio (Li-ion):

As baterias de iões de lítio são normalmente utilizadas em telemóveis e computadores portáteis e estão a tornar-se a bateria de eleição para os híbridos plug-in. A sua densidade energética e a sua densidade de potência são, normalmente, várias vezes superiores às das baterias de chumbo-ácido e NIMH e a sua eficiência de carga/descarga é também superior.

4. Polímero de lítio (Li-poly):

A bateria de polímero de lítio é semelhante a outras baterias de iões de lítio, mas utiliza um eletrólito de plástico sólido (polímero). O que significa que a forma da célula não se limita à forma cilíndrica da maioria das outras. Isto significa que a sua forma pode ser alterada para se adaptar a espaços específicos dentro de um veículo, fazendo assim uma melhor utilização do espaço. As suas outras caraterísticas são semelhantes às de outras baterias de iões de lítio. As baterias Li-poly já estão a ser utilizadas em alguns veículos híbridos.

5. Fosfato de ferro-lítio (LFP):

Existem diversas variações de baterias de iões de lítio, dependendo da sua química interna - especificamente o material utilizado no cátodo da bateria. Os materiais mais comuns do cátodo são os óxidos de cobalto e os óxidos de manganês. A bateria de lítio-ferro-fosfato utiliza a química do lítio-ião, mas com um cátodo de fosfato de ferro. Em comparação com outras baterias de iões de lítio, oferece uma estabilidade térmica e química superior. Não há risco de incêndio em caso de sobrecarga ou curto-circuito.

4.4 Condutores de automóveis eléctricos:

No automóvel elétrico, a tração eléctrica é utilizada para acelerar o automóvel e transferir o movimento para as rodas. Um automóvel elétrico, também designado por carro de tração eléctrica, utiliza um ou mais motores eléctricos ou motores de tração para a propulsão. Um automóvel elétrico pode ser alimentado através de um sistema coletor por eletricidade proveniente de fontes exteriores ao veículo, ou pode ser autónomo com uma bateria ou gerador para converter combustível em eletricidade.

Os accionamentos eléctricos são principalmente classificados da seguinte forma:

1. Tração eléctrica reversível
2. Acionamento elétrico não reversível

Accionamentos eléctricos reversíveis:

Um acionamento que pode mover-se em duas direcções, para a frente e para trás, é conhecido como acionamento elétrico do tipo reversível.

Accionamentos eléctricos não reversíveis:

Um acionamento elétrico que tem apenas um sentido de movimento é conhecido como acionamento elétrico não reversível.

4.5 Vantagens dos accionamentos eléctricos:

- Estas unidades estão disponíveis numa vasta gama de binário, velocidade e potência.
- Estas unidades são flexíveis.
- São adaptáveis a qualquer tipo de condições de funcionamento.
- Podem funcionar em todos os quatro quadrantes do plano de binário de velocidade, o que não é aplicável a outros motores primários.

- Não poluem o ambiente.
- Não necessitam de reabastecimento nem de pré-aquecimento. Podem ser postos a funcionar instantaneamente e podem ser carregados de imediato.
- São alimentados por energia eléctrica, que é uma fonte de energia barata e amiga do ambiente.

4.6 Desvantagens dos accionamentos eléctricos:

- Qualquer falha que ocorra no motor de acionamento faz com que todo o equipamento de acionamento fique inativo.
- Eficiência baixa devido às perdas que ocorrem nos mecanismos de transmissão de energia (perda de potência)
- Não é seguro operar.
- O nível de ruído no local de trabalho é elevado.
- Flexibilidade
- Um único motor acciona uma série de máquinas através de uma correia que forma um eixo comum.
- Custo inicial elevado

4.7 Construção de automóveis eléctricos:

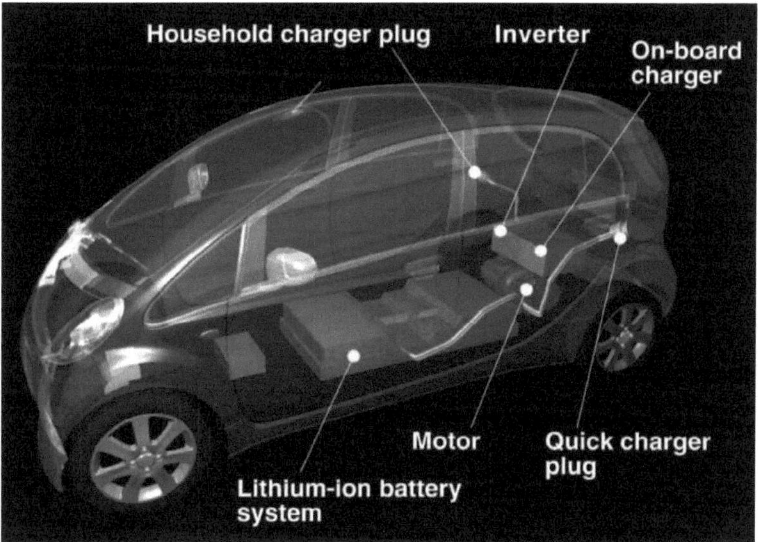

4.2 Construção de automóveis eléctricos

A figura mostra a construção do carro elétrico, composto por inversor, bateria de iões de lítio, motor elétrico, placa de carregamento e ficha de carregamento rápido.

Tal como referido anteriormente, a função do inversor é converter a saída de energia CC em saída de energia CA e fornecer essa corrente CA ao motor. Em seguida, o motor começa a funcionar e o movimento é transmitido às rodas motrizes. Para carregar a bateria do automóvel, existem duas fichas: uma é a ficha do carregador doméstico e a segunda é a ficha de carregamento rápido.

Na ficha de carregamento doméstico, a alimentação de entrada é a corrente doméstica de 120 V e na ficha de carregamento rápido a alimentação de entrada é de 240 V, o que permite carregar a bateria mais rapidamente do que a corrente doméstica.

4.8 Vantagens dos automóveis eléctricos:

- A principal vantagem de um veículo elétrico é o facto de não necessitar de gasolina.
- Podemos ligar o carro a qualquer tomada com a voltagem adequada e carregar o carro.
- Os automóveis eléctricos não emitem emissões.
- Os automóveis eléctricos são totalmente isentos de poluentes.
- A segurança é uma das grandes preocupações destes veículos.
- As pilhas recarregáveis estão a ser bem recicladas.
- Poupança nos custos anuais de funcionamento.
- Mais benefícios ambientais.
- Não produzem a poluição associada aos motores de combustão interna.

4.9 Desvantagens dos automóveis eléctricos:

- Preço dispendioso
- A maioria dos automóveis demora muito tempo a recarregar as baterias
- Não podemos conduzir o carro enquanto as baterias estão a carregar normalmente
- A maioria dos automóveis eléctricos atualmente em circulação não tem uma grande autonomia por carregamento.
- As pilhas não são baratas.
- A bateria do automóvel elétrico é pesada.

CAPÍTULO 5

Recursos energéticos mundiais

5.1 Introdução às fontes de energia:

Os dois principais tipos de fontes de energia, de acordo com a sua disponibilidade, são os seguintes

1. Fontes de energia convencionais
2. Fontes de energia não convencionais

1. Fontes de energia convencionais:

As fontes de energia convencionais são geralmente fontes de energia não renováveis que só podem ser utilizadas uma única vez.

Exemplos: Carvão, petróleo, gás natural, fontes de energia nuclear, etc.

Vantagens:

1. Barato para produzir grandes quantidades de energia
2. Facilmente disponível/conveniente - o preço é mais baixo

Desvantagens:

1. A queima de combustíveis fósseis produz CO_2 que provoca o aquecimento global
2. Aumento do preço com a diminuição da oferta de combustíveis fósseis
3. Muitos resíduos podem criar poluição.
4. Fontes de energia não convencionais:

As fontes de energia não convencionais são geralmente fontes de energia que podem ser facilmente renováveis ou que podem ser reutilizadas após um determinado período de tempo.

Exemplos: Energia solar, energia das marés, energia da biomassa, energia geotérmica, etc.

Geralmente, estas são as fontes de energia que podemos obter da natureza e que podemos reutilizar após um determinado período de tempo.

Vantagens:

- Fontes inesgotáveis de energia.
- Requerem comparativamente menos manutenção.
- Estabelecer facilmente a fábrica perto das zonas rurais.
- Aumentar a independência energética.
- As fontes de energia não poluem e são amigas do ambiente.

Desvantagens:

- A disponibilidade é incerta.
- Depende da localização.
- O custo de estabelecimento é mais elevado.

5.2 Fontes de energia convencionais e sua contribuição:

Carvão:

O carvão é a maior fonte de energia convencional do mundo para a produção de energia eléctrica. A produção mundial de carvão no ano 2011-12 é de 7830 milhões de toneladas, o que contribui para 30,1% da produção mundial de energia.

Óleo:

O petróleo é a segunda fonte de energia convencional mais utilizada, sendo geralmente utilizado como combustível de entrada nos veículos automóveis. A produção mundial de petróleo bruto em 2011-12 é de 76 milhões de toneladas. Este petróleo é utilizado principalmente para fins de transporte em veículos.

Energia nuclear:

A energia nuclear é principalmente utilizada para produzir eletricidade a partir de um reator nuclear. A nível mundial, a energia nuclear contribui com 11% da procura total de eletricidade. A produção de eletricidade a partir de centrais nucleares em 2011-12 foi de 2300 TWH. Os resíduos provenientes desta fonte são altamente poluentes para o ambiente

5.3 Fontes de energia não convencionais e sua contribuição:

Energia solar:

A energia solar é uma energia completamente livre de poluição e amiga do ambiente. Tem potencial para converter diretamente a energia solar em energia eléctrica por meio de células solares fotovoltaicas. A produção mundial de energia solar no ano de 2010-11 é de 2400 MW, o que é muito baixo e pode ser melhorado através da maximização da utilização da energia solar. A contribuição da energia solar na produção mundial de energia é inferior a 1% da produção total de energia. Assim, há uma necessidade crítica de melhorar e utilizar a energia solar.

Energia eólica:

A energia eólica também tem um enorme potencial de produção de eletricidade, mas depende da localização, pelo que temos de a plantar num local onde a velocidade do vento seja suficiente para produzir energia. A energia eólica contribui com 0,51% da produção total de energia no mundo. A produção global de energia eólica no ano de 2011 é de 239 MW, o que pode ser melhorado através da plantação de mais turbinas eólicas.

Energia de biomassa:

A energia da biomassa ocupa a primeira posição na produção de energia a partir de fontes de energia não convencionais. Contribui com 11% da produção global de energia. Uma vez que esta energia é obtida a partir dos resíduos domésticos, a utilização de tais instalações é maior na área doméstica para a produção de biogás.

Energia das marés:

A energia das marés é a energia que é gerada a partir da maré alta e da maré baixa no mar. Países como a Índia, que têm uma grande área de mar, podem produzir uma grande quantidade de energia utilizando a energia das marés . A contribuição da energia das marés na produção global de energia é também inferior a 1%.

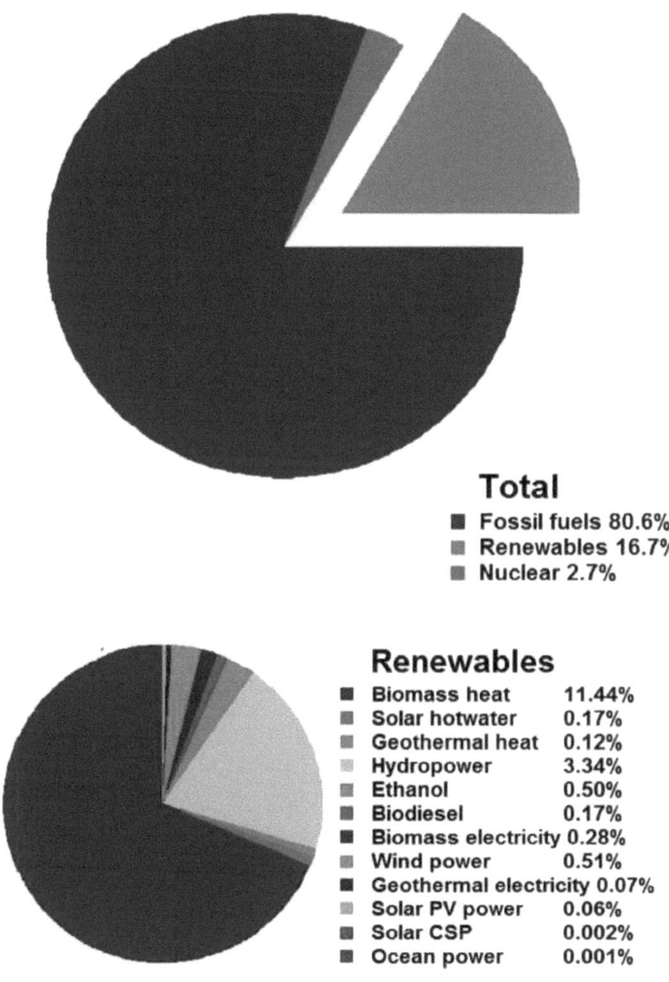

5.1 Gráfico do consumo mundial total de energia

Assim, a partir do gráfico acima é muito claro que atualmente 87% da produção global de energia é proveniente das fontes de energia convencionais, mas infelizmente a reserva das fontes de energia convencionais é muito limitada e também não é reutilizável, pelo que é melhor avançar para as fontes de energia não convencionais.

A produção mundial de energia renovável é de apenas 16,7% da energia total, sendo que a energia solar é totalmente amiga do ambiente e é totalmente gratuita e podemos obtê-la infinitamente, mas ainda assim a produção de energia solar é muito baixa. Assim, o nosso principal objetivo é utilizar a energia solar desperdiçada e maximizar a sua utilização através deste projeto de carregamento solar de automóveis com iluminação das sombras de estacionamento.

CAPÍTULO 6

Conceção do protótipo

6.1 O que é o Protótipo?

Basicamente, o protótipo é uma primeira versão ou uma versão de base de um sistema ou de um produto a partir da qual se desenvolve o modelo real ou outras formas dos produtos.

OU

O protótipo é um modelo inicial, uma amostra ou uma versão de teste para testar um conceito do produto ou processo para aprender alguma coisa com ele.

6.2 O que é o design?

O design é o processo de criação de um novo produto ou de um processo a ser vendido por uma empresa ao seu cliente ou a ser desenvolvido para ser utilizado pelo público; é um conceito muito amplo que conduz ao desenvolvimento de um novo produto ou processo. O design é uma parte importante de qualquer protótipo, com base no qual a construção do protótipo pode ser efectuada. A figura acima mostra o desenho básico do protótipo. É composto por um painel solar de 30w e 21v, um controlador de sobrecarga solar, uma bateria de ciclo profundo de 12v 5AH, um carro elétrico modificado que pode ser facilmente recarregado com uma ficha de utilização, um poste de luz e uma estrutura de madeira para manter todos os componentes juntos.

1Com base no procedimento de conceção acima descrito, começámos a trabalhar na construção de uma estrutura do protótipo e, em seguida, apresentamos os componentes e os processos que realizámos para concluir o trabalho de construção, com dimensões em centímetros

6.2.1 Painel solar 30W e 21V:

Para construir o nosso modelo, utilizamos o painel solar que corresponde às especificações abaixo, de acordo com o desenho do protótipo. A figura acima mostra o diagrama geral do painel solar.

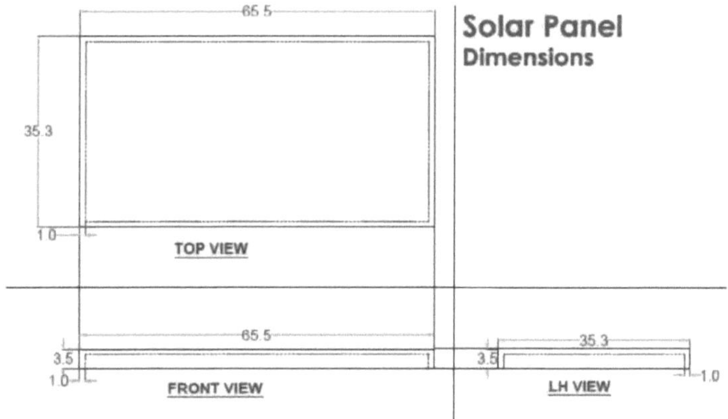

6.1 Dimensões do painel solar

Especificações do painel solar:

- Potência máxima nominal (P max): 30Wp
- Tensão de circuito aberto (Voc) : 21V
- Corrente de curto-circuito (Isc) : 1.92 A
- Tensão na potência máxima (Vmp) : 17v
- Corrente à potência máxima (Imp) : 1.76 A
- Tensão máxima do sistema: 600 V

6.2.1 Estrutura de madeira:

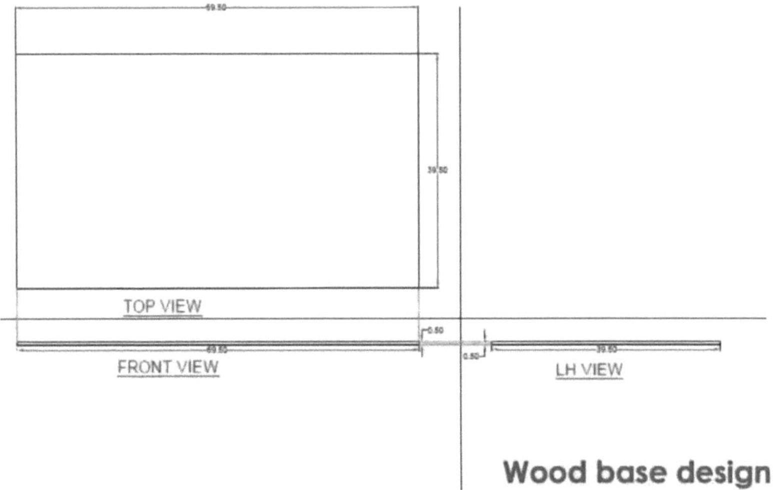

6.2 Design da base de madeira

De acordo com o tamanho do nosso painel solar, bateria e controlador, projectámos a estrutura de madeira que desempenhará 2 funções. 1st dará suporte ao painel solar e 2nd será o alojamento do controlador e da bateria.

Existem 2 partes principais da estrutura de madeira: 1) Base e 2) Caixa para o controlador, a bateria e a viga de suporte. O desenho da base é mostrado com a dimensão na imagem acima e o desenho da caixa é mostrado na imagem abaixo.

Analisámos vários modelos e escolhemos o modelo abaixo, que é convincente para as duas principais funções necessárias.

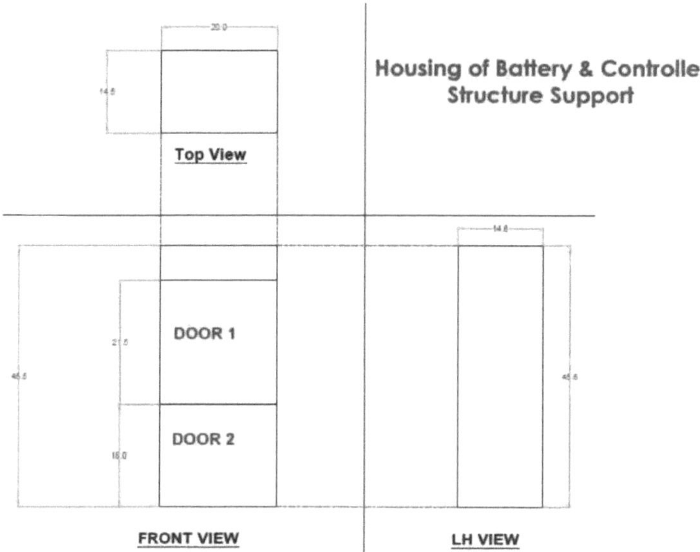

6.3 Alojamento da bateria e suporte da estrutura do controlador

6.2.3 Controlador de carga solar:

De acordo com o projeto e o planeamento, decidimos utilizar o painel solar de 30w 21v e, em comparação com ele, precisamos de carregar a bateria de 12v 5AH. Assim, o controlador necessário para carregar a bateria deve ser capaz de carregar a bateria de 12v 5AH.

As principais funções do controlador de sobrecarga são impedir o carregamento excessivo da bateria e prolongar a sua vida útil.

6.2.4 Bateria de ciclo profundo (bateria de chumbo-ácido):

A bateria funcionará como armazenamento de energia para o protótipo, armazenará a energia e fornecerá quando for necessário. A bateria deve ser capaz de carregar um carro elétrico que funciona com uma pilha de 4 AA, bem como deve ser capaz de fornecer energia suficiente às luzes para as acender quando necessário.

Assim, de acordo com os requisitos, a bateria utilizada é de 12v 5AH e deve ser capaz de descarregar e carregar frequentemente.

Especificações:

- Nome do modelo:AB5LB
- Capacidade (Ah):5
- Comprimento (mm):128
- Largura (mm):60
- Altura (mm):130
- Peso(Kgs):1.9

- Volume do eletrólito (Ltrs):0,4
- Corrente de carga(Amperes):0,5

6.2.5 Carro elétrico com ficha de carregamento e ficha de alimentação:

Como o nosso projeto consiste em carregar o carro elétrico com energia solar. Por isso, precisamos de um carro elétrico que possa ser facilmente carregado enquanto está num parque de estacionamento para o protótipo. Assim, precisamos de preparar um carro modificado que possa ser carregado por uma ficha enquanto está estacionado, com uma luz LED que indica se o carro está a carregar ou não. Além disso, o arranjo para o socet de carregamento deve estar lá para que um carro possa ser carregado enquanto está em uma condição de estacionamento com esta ficha de energia que precisa ser conectado ao carro elétrico para carregar.

O diagrama de linhas do funcionamento do carro elétrico é apresentado na página seguinte, indicando os componentes do carro elétrico e o seu fluxo de arranjo.

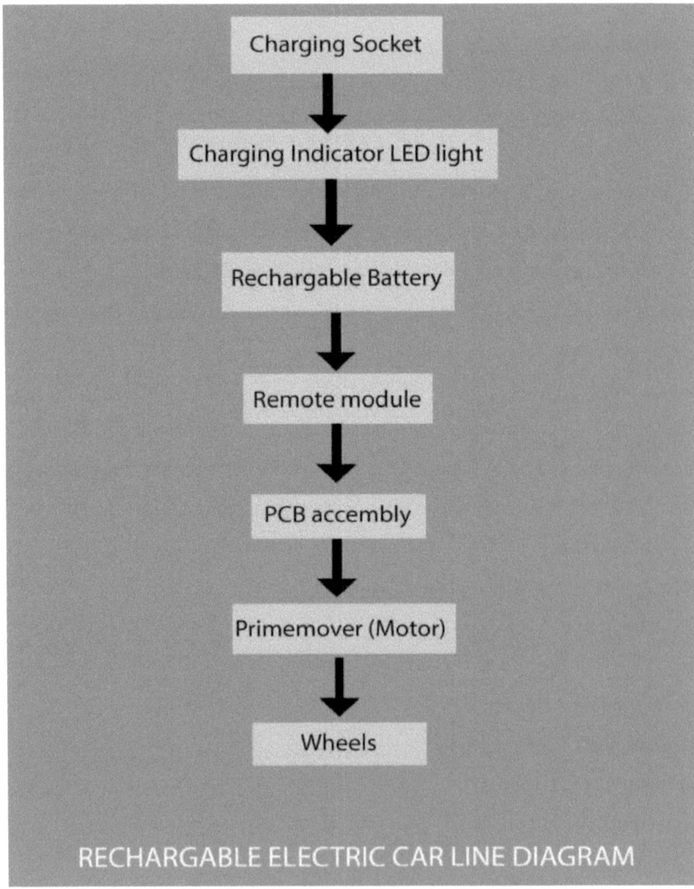

6.3 Diagrama de linha do carro elétrico recarregável

6.3 Planeamento da conceção do protótipo:

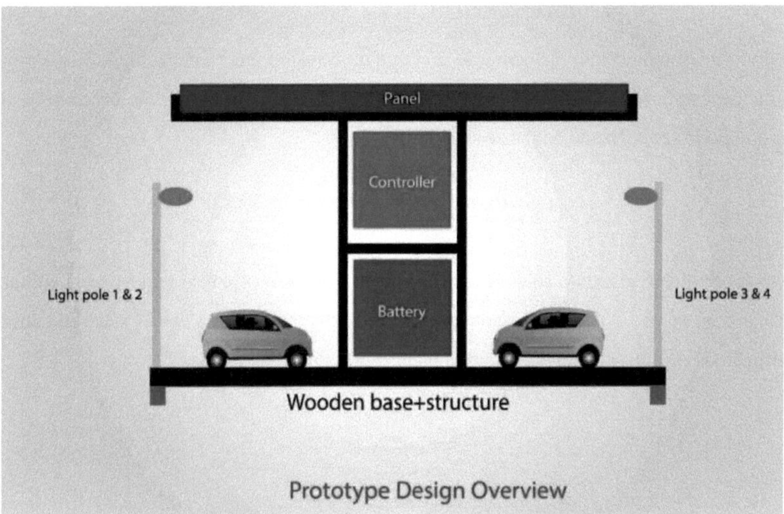

6.5 Visão geral da conceção do protótipo

6.4 Tabela de especificações da conceção do protótipo:

Serial no.	Component	Design Specification
1.	Solar Panel	Dimensions: 650mmx350mm Rated maximum power (P max): 30Wp Open-Circuit Voltage (Voc) : 21V Short Circuit Current (Isc) : 1.92 A Voltage at Maximum Power (Vmp) : 17v Current at Maximum Power (Imp) : 1.76 A Maximum system voltage : 600 V
2.	Wood Structure	Base Dimensions: 700mm x 400mm x 5mm Housing for Controller & Battery Dimensions: 200mm x 150mm x 460mm Support beam dimensions: Left & Right side support : 290mm x 60mm x 5mm Front support : 310mm x 60mm x 5mm
3.	Controller	Expected Dimension : 150mm x 150mm x 50mm Capacity output : 12v 5AH Capacity Input : 21v 30w
4.	Battery	Expected Dimension : 150mm x 150mm x 100mm Voltage : 12v Current : 5 AH
5.	Electric car	Dimensions : 250mm x 100mm Voltage input required : 3.7V
6.	Lights	4LED, one for each pole of 12v

6.1 Tabela de especificações do projeto de protótipo

CAPÍTULO 7

Trabalho, resultados e discussão:

Este capítulo irá abranger a implementação efectiva do trabalho que fizemos para criar o protótipo, bem como fornecer informações sobre o custo de construção real e do protótipo e o volume de energia de saída que pode ser utilizado com este sistema.

7.1 Componentes adquiridos de acordo com os requisitos do projeto:

Painel solar:

O projeto sobre o carregamento solar do carro, pelo que o nosso primeiro requisito era comprar um painel solar que, de acordo com o nosso plano e a imagem abaixo, é do painel solar que utilizámos na construção do protótipo. Comprámos este painel solar por 2100 rupias.

7.1 Painel solar

De acordo com a nossa conceção do protótipo, o requisito mínimo de tensão para carregar a bateria de 12v 5AH é um painel solar de 21v e este painel está a cumprir este requisito. A outra especificação importante do painel solar é mostrada na imagem da página seguinte, que se encontra na parte de trás do painel.

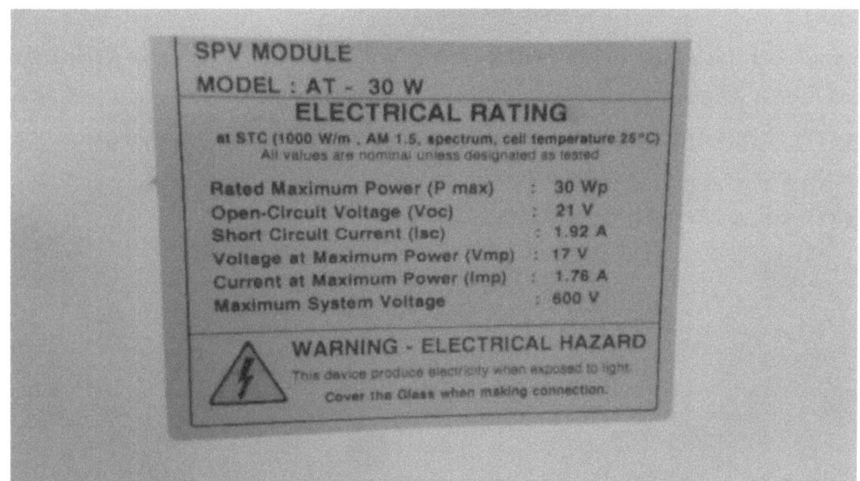

7.2 Especificação do painel solar

Controlador:

A nossa aplicação consiste em utilizar o painel solar para armazenar energia na bateria, pelo que, de acordo com o nosso projeto, é necessário o controlador de carga solar que pode carregar a bateria de 12v 5AH.

O controlador de carga solar tem 2 luzes LED, uma verde que indica que a bateria está a carregar e a segunda vermelha que indica que a carga da bateria está fraca e precisa de ser carregada o mais cedo possível.

Também tem 3 tomadas azuis que servem para ligar o painel solar, a bateria e a luz, respetivamente. Adquirimos este controlador no mercado por 600 rupias.

7.3 Controlador

Bateria:

De acordo com o nosso conceito e conceção, a energia gerada pelo painel solar tem de ser armazenada numa bateria. A bateria será carregada e descarregada frequentemente, pelo que utilizámos uma bateria de ciclo profundo que pode ser carregada e descarregada frequentemente. Esta é geralmente utilizada nas bicicletas de arranque automático e é uma bateria de chumbo-ácido.

Comprámo-la no mercado por 1100 rupias.

7.4 Bateria

7.2Preparação da estrutura de madeira:

7.5 Preparação da estrutura de madeira

7.3 Um carro elétrico recarregável:

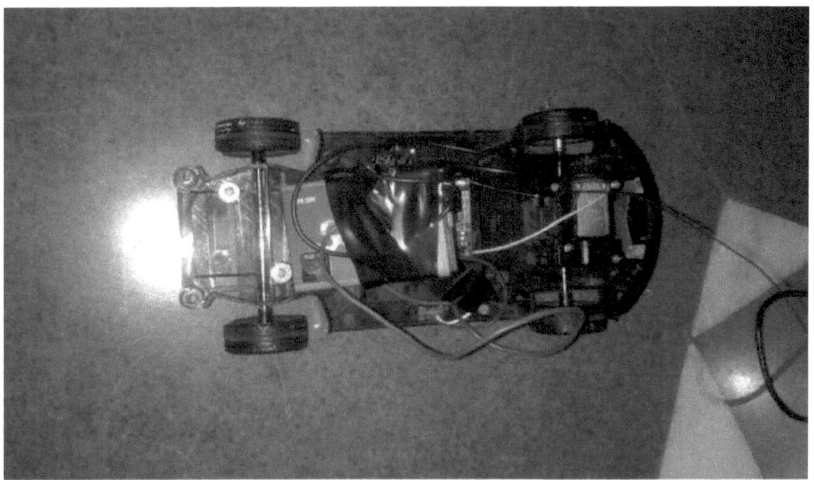

7.6 Automóvel elétrico recarregável

Na página anterior está uma imagem do carro elétrico modificado que fizemos, substituindo as pilhas AA por pilhas recarregáveis e adicionando um suporte de carregamento e uma luz indicadora de carregamento que indica que o carro está a carregar ou não.

Para uma melhor compreensão, aqui está uma imagem que indica a disposição dos componentes no carro elétrico e o seu fluxo de energia na direção da seta.

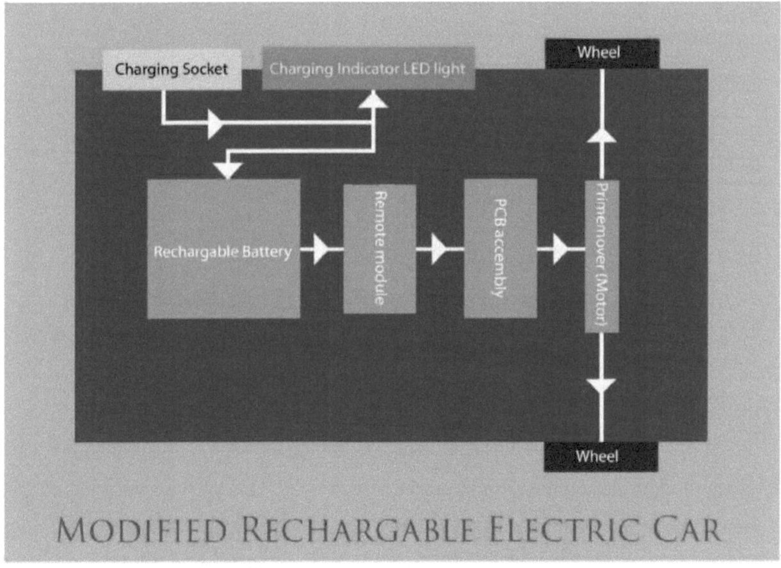

7.7 Diagrama do carro elétrico recarregável modificado

7.4 Leitura da tensão do painel solar:

De acordo com as especificações do painel solar, a potência máxima de saída do painel é de 21 V. A imagem abaixo é e mostra a leitura da tensão do painel solar, que é de 20,7 V.

Em plena luz do sol, estamos a obter uma leitura de mais de 21 volts durante o verão.

7.8 Leitura da tensão do painel solar

State of Charge	12 Volt battery	Volts per Cell
100%	12.7	2.12
90%	12.5	2.08
80%	12.42	2.07
70%	12.32	2.06
60%	12.20	2.03
50%	12.06	2.01
40%	11.9	1.98
30%	11.75	1.96
20%	11.58	1.93
10%	**11.31**	**1.89**
0	**10.5**	**1.75**

7.5 Carregamento e tensão da bateria:

7.1Tabela de carga e tensão da bateria

Afirmámos que uma pilha é considerada morta a 10,5 volts. A resposta está relacionada com a química interna das pilhas - por volta dos 10,5 volts, a gravidade específica do ácido na pilha torna-se tão baixa que resta muito pouco que possa fazer.

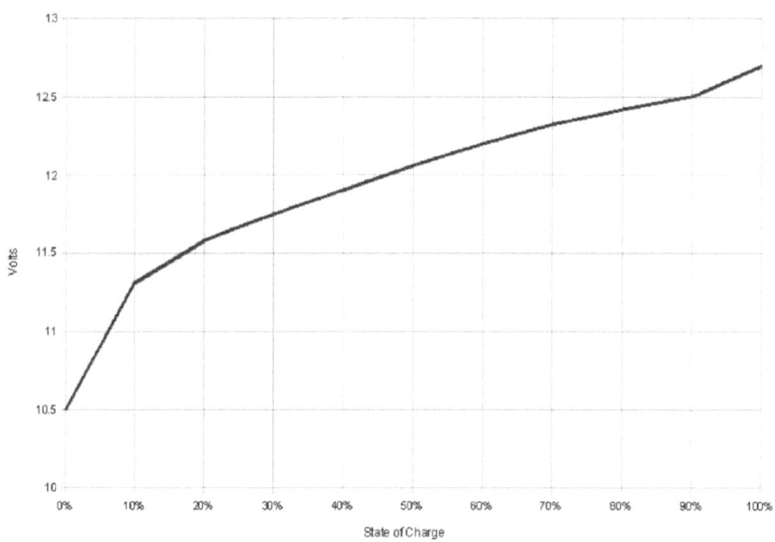

7.1Gráfico de carga e tensão da bateria

7.6 Ficha de carregamento e suporte:

Como se pode ver na imagem acima, construímos um suporte especial para a ficha de carregamento e, quando o carro está estacionado, pode ser facilmente ligado ao carro.

7.9Plugue de carregamento e seu suporte

No carro elétrico, fornecemos uma tomada idêntica que pode ser ligada a essa ficha e, uma vez ligada, o carregamento do carro começa e o LED verde do carro fica ligado.

7.7 Protótipo construído:

Aqui estão os resultados do projeto e as imagens do protótipo que construímos. Um modelo que indica um sistema de estacionamento que é completamente amigo do ambiente, com menos custos de funcionamento, utilizando a energia solar para carregar carros com energia solar, poupando tempo devido à função de carregamento ao mesmo tempo que o estacionamento.

7.10 Protótipo construído

7.8 Tabela de custos do protótipo:

MAJOR EQUIPMENT SPECIFICATION & COST				
Quantity	Model No.	Description	Unit Cost(Rs.)	Cost (Rs.)
1	AT - 30W	Solar Panel of 30w, 21v	2100	2100
1		Solar Charge Controller	600	600
1	AB5LB	Lead acid (Deepcycle) Battery	1100	1100
½	-	Plywood	800	400
2	-	Hinges	20	40
5	12vLED	12v LED Lights for Poles	20	100
1	-	Electric Car	350	350
1	-	Voltage Reducer for Car charging	140	140
1	-	Paint Cost	270	270
5(meter)	-	Wires	20	100
4		Switch	20	80
Total Prototype Cost				5280

7.2 Tabela de custos do protótipo

7.9 Como é que pode ser prático? E quais são os seus requisitos?

De acordo com os diferentes tipos de requisitos de carregamento e requisitos de carga, dividimos o sistema prático em três níveis principais.

7.9.1 Sistema de estacionamento e carregamento de nível 1:

Esta é a via de carregamento lento que utiliza uma tomada eléctrica normal de 120 volts. Este percurso é adequado para o estacionamento noturno e para o carregamento de um único automóvel.

Requisitos:

- Área de estacionamento 8ft x 12ft
- Número de painéis solares necessários 4

Especificação de cada painel solar:

- Dimensão : 1200mm*1830mm*45mm (6ft x 12ft)
- Tensão de saída por painel solar 30v
- Potência de saída 250w
- Custo 11000INR ($180)
- Ligação do painel solar Ligação em série (para obter 30v x 4 = 120v de potência)
- Controlador de carga solar 12v 80A controlador de carga solar
- Bateria de ciclo profundo 12v 1600AH (1600AH significa que pode ser gerada uma corrente de 80 amperes durante 20 horas)
- Inversor 12vDC para 120vAC

Series Connection of Solar Panels

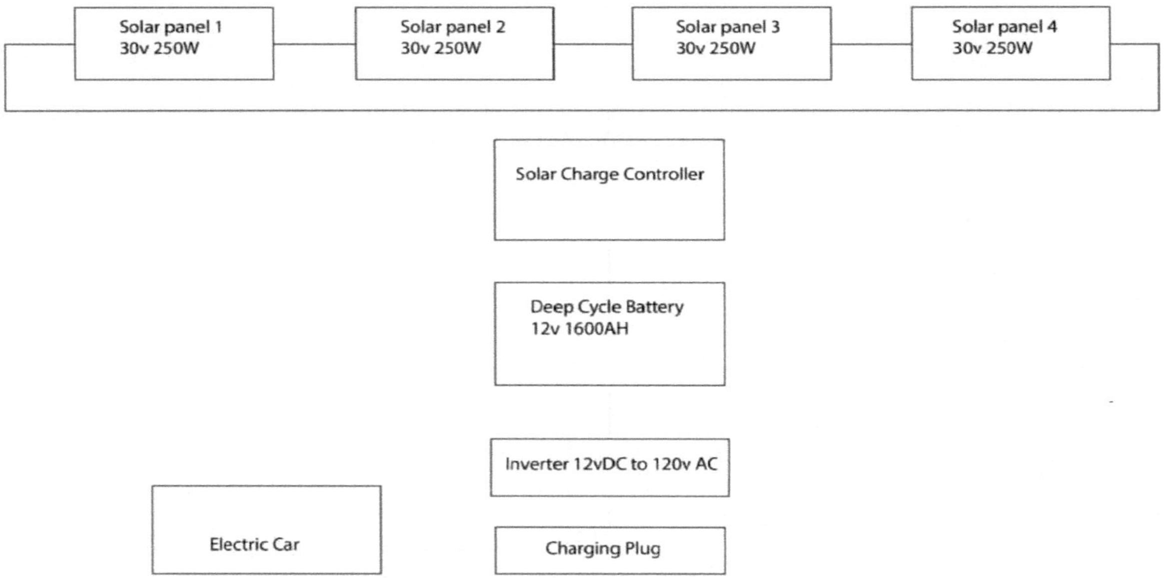

Solar panel 1
30v 250W

Solar panel 2
30v 250W

Solar panel 3
30v 250W

Solar panel 4
30v 250W

Solar Charge Controller

Deep Cycle Battery
12v 1600AH

Inverter 12vDC to 120v AC

Charging Plug

Electric Car

7.9.2 Sistema de estacionamento e de carregamento de nível 2:

As estações de Nível 2 permitem normalmente que 2 carros eléctricos carreguem totalmente o seu carro em 4 horas. Enquanto um conetor de Nível 1 alimenta 120 volts que podem carregar 1 carro, uma estação de Nível 2 pode alimentar 240 volts que carregarão 2 carros de forma simultânea.

Requisitos:

- Área de estacionamento 16ft x 24ft
- Número de painéis solares necessários 8

Especificação de cada painel solar:

- Dimensão : 1200mm*1830mm*45mm (6ft x 12ft)
- Tensão de saída por painel solar 30v
- Potência de saída 250w
- Custo 11000INR ($180)
- Ligação do painel solar Ligação em série (para obter uma potência de 30v x 8 = 240v)
- Dois controladores de carga solar 12v 80A controlador de carga solar
- Duas baterias de ciclo profundo 12v 1600AH (1600AH significa que pode ser gerada uma corrente de 80 amperes)

  durante 20 horas)
- Dois inversores 12vDC para 120vAC
- Duas fichas de carregamento para carregar 2 carros ao mesmo tempo.

Ligação em série de colectores solares

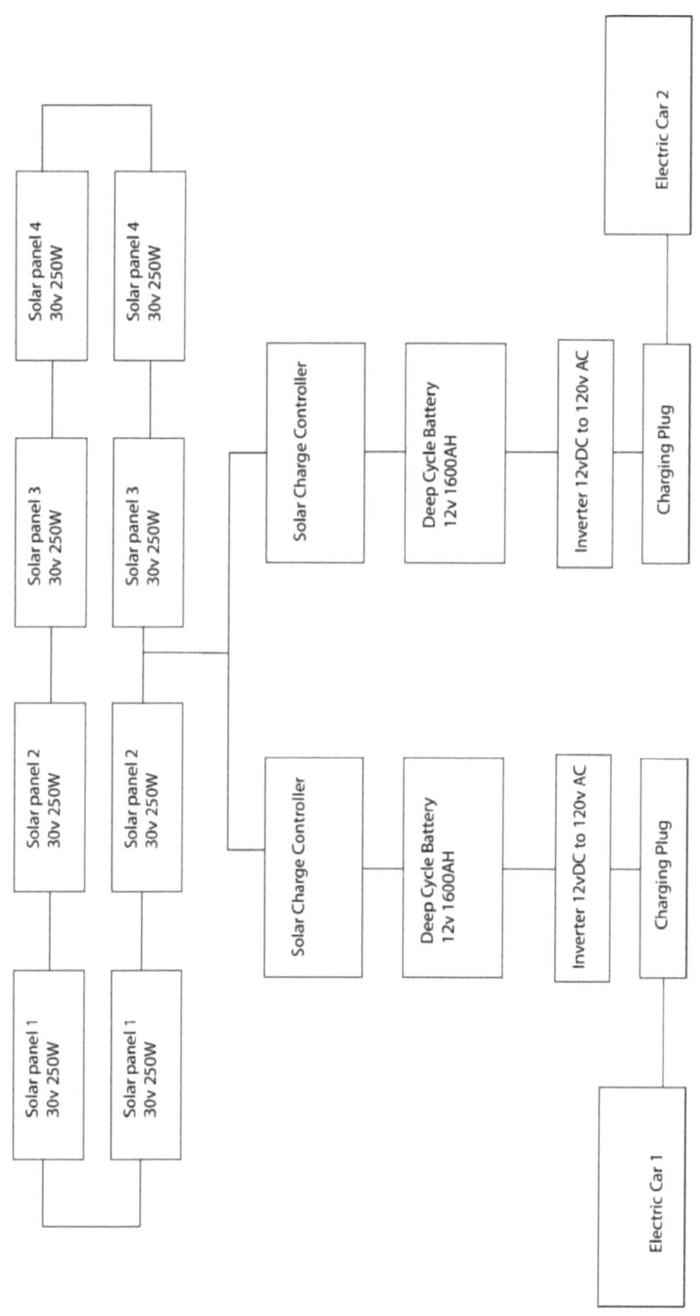

7.9.3 Sistema de estacionamento e carregamento de nível 3: (rápido)

As estações de Nível 2 permitem normalmente que 2 carros eléctricos carreguem totalmente o seu carro em 4 horas. Enquanto um conetor de Nível 1 alimenta 120 volts que podem carregar 1 carro, uma estação de Nível 2 pode alimentar 240 volts que carregarão 2 carros de forma simultânea.

Requisitos:

- Área de estacionamento 16ft x 24ft
- Número de painéis solares necessários 8

Especificação de cada painel solar:

- Dimensão : 1200mm*1830mm*45mm (6ft x 12ft)
- Tensão de saída por painel solar 30v
- Potência de saída 250w
- Custo 11000INR ($180)
- Ligação do painel solar Ligação em série (para obter uma potência de 30v x 8 = 240v)
- Controlador de carga solar 12v 160A controlador de carga solar
- Duas baterias de ciclo profundo 12v 3600AH
- Inversor 12vDC a 240vAC
- Um único carro pode ser carregado ao mesmo tempo, com carga completa em 4 horas.

Ligação em série de colectores solares

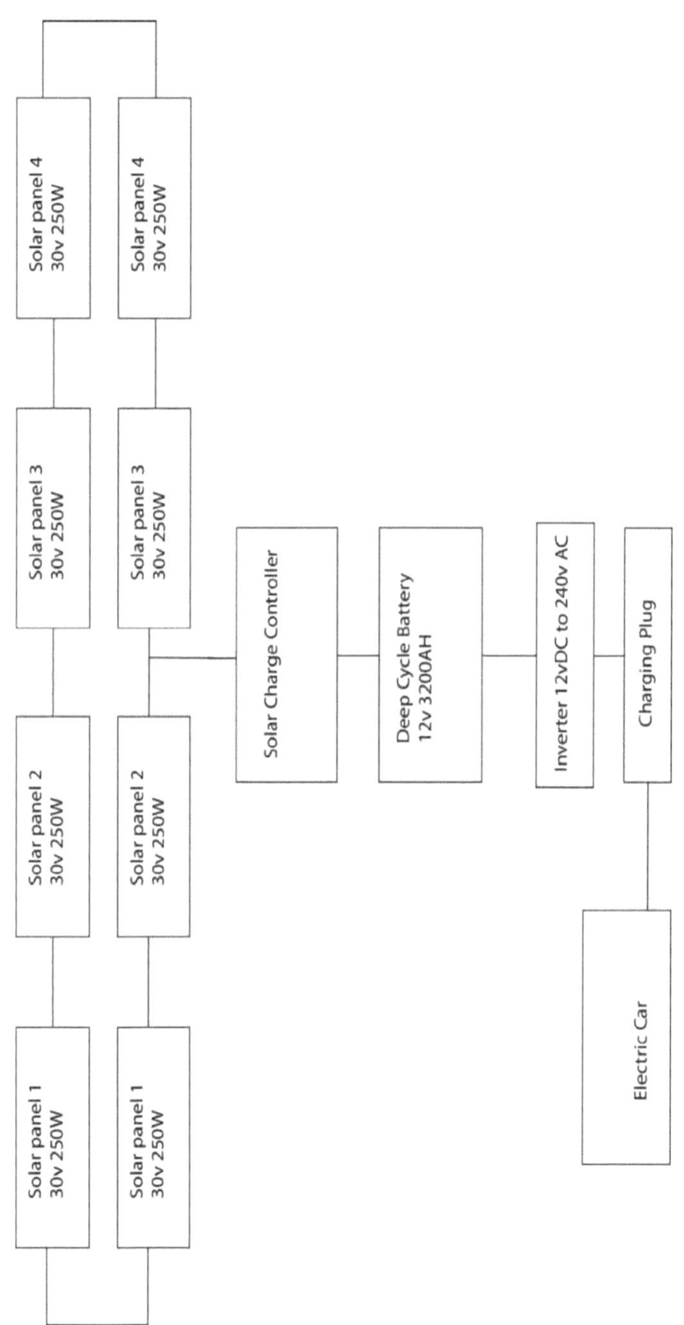

Conclusão:

As cortinas solares de estacionamento fornecerão energia eléctrica de alta qualidade e amiga do ambiente a partir das cortinas de estacionamento. Que será utilizada para o carregamento de carros solares e durante a noite para a iluminação de um parque de estacionamento.

Este sistema é a forma de utilizar a energia solar desperdiçada, bem como de maximizar a utilização da energia solar, o que ajudará a melhorar a contribuição solar para a produção total de energia do mundo. Além disso, a eletricidade necessária para o carregamento do carro elétrico pode ser obtida gratuitamente sem qualquer tipo de poluição ambiental.

Este conceito permitirá que as pessoas carreguem o carro elétrico enquanto o carro está na sombra de estacionamento, bem como a iluminação das sombras será fornecida utilizando a energia solar que é armazenada na bateria. Este sistema poupará tempo aos utilizadores de carros eléctricos e será a forma mais económica de construir uma estação de carregamento solar com sombras de estacionamento.

Referências:

- [1] Mohd Tariq, Sagar Bhardwaj e Mohd Rashid, "Sistema eficaz de carregamento de bateria por energia solar usando microcontrolador", no American Journal of Electrical Power and Energy Systems. Vol. 2, No. 2, 2013, pp. 41-43.
- [2] M. W. Daniels e P. R. Kumar, "A utilização óptima da energia solar automóvel", na Control Systems Magazine, IEEE, vol. 19, no. 3, 2005.
- [3]Pallavi Sharma, ParulVerma, Anuj Pal, "ELECTRICAL DESIGNING OF SOLAR CAR", no International Journal of Electronics, Electrical and Computational System, IJEECS,Volume 3, Issue 3 May (2014), pp 58-60.
- [4]T.M. Razykova, C.S. Ferekides, D. Morel, E. Stefanakos, H.S. Ullal e H.M. Upadhyaya, "Solar photovoltaic electricity: Current status and future prospects" , na Sociedade Internacional de Energia Solar, Volume 85, Número 8, agosto de 2011, pp. 1580 1608.
- [5] F. Mejia, J. Kleissl e J. L. Bosch , " The effect of dust on solar photovoltaic systems", em Energy Procedia, Volume 6, 2011, pp 347 352.
- [6] Arsie, I., Rizzo, G., e Sorrentino, M., "Optimal Design and Dynamic Simulation of a Hybrid Solar Vehicle," SAE Technical Paper 2006-01-2997, 2006, doi:10.4271/2006- 01-2997
- [7] Tarujyoti Buragohain, "Impact of Solar Energy in Rural Development in India", no International Journal of Environmental Science and Development, Vol. 3, No. 4, agosto de 2012
- [8] Brian Goss, Ian Cole, Thomas Betts, Ralph Gottschalg, "Irradiance modelling for

individual cells of shaded solar photovoltaic arrays", Centre for Renewable Energy Systems Technology (CREST), School of Electronic, Electrical and Systems Engineering, Loughborough University, LE11 3TU England, United Kingdom

- [9] Arsie, I., Rizzo, G., and Sorrentino, M., "Optimal Design and Dynamic Simulation of a Hybrid Solar Vehicle," SAE Technical Paper 2006-01-2997, 2006, doi:10.4271/2006- 01-2997.

Business Model Canvas - Relatório:

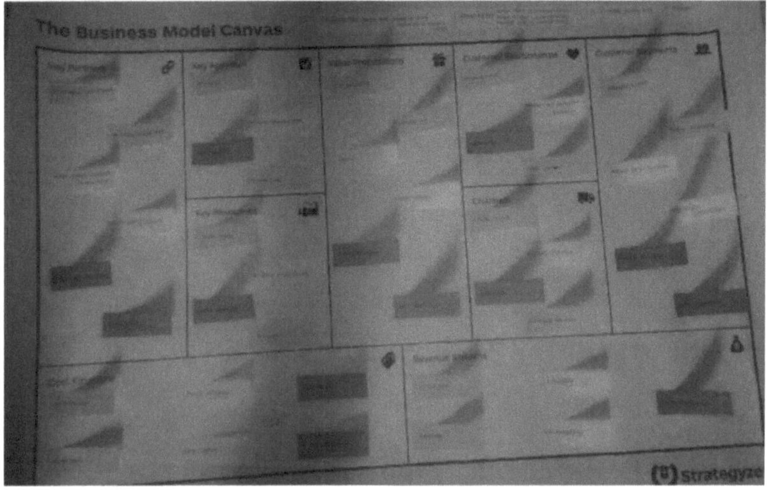

Seguem-se os principais tópicos que devem ser mencionados no modelo business canvas:

Parceiros-chave:

É sempre recomendável associar os parceiros principais às actividades principais. Se uma atividade é fundamental, continua a fazer parte do seu modelo de negócio. Esta é uma forma de indicar quais os parceiros específicos que estão a tratar das várias actividades-chave para si.

Lista dos principais parceiros:

a. Fabricantes de painéis solares
b. Fabricante da bateria
c. Controlador de carga solar Fabricante
d. Construtor Pessoa
e. Organizações gigantes
f. Organizações

Principais actividades:

As principais categorias da atividade são a produção, a resolução de problemas e a plataforma/rede.

Lista das principais actividades:

a. Conceção
b. Construção efectiva
c. Manutenção
d. Satisfação

Principais recursos:

Os principais tipos de recursos são físicos, intelectuais (patentes de marcas, direitos de autor, dados), humanos e financeiros.

Lista dos principais recursos:

a. Painel solar
b. Bateria e controlador
c. Recursos humanos
d. Dinheiro

Propostas de valor:

Seguem-se as propostas de valor da lista:

a. Amigo do ambiente
b. Utilização múltipla
c. Segurança
d. Fácil de utilizar
e. Poupança de tempo
f. Redução de custos

Relação com o cliente:

a. Satisfação
b. Manutenção a intervalos regulares
c. Garantia
d. Manual do utilizador

Canal:

a. Redes sociais
b. Contactos pessoais
c. Anunciar
d. Comentários de clientes

Segmentos de clientes:

a. Organizações
b. Estacionamento público
c. Privado Estacionamento pago

d. Institutos de ensino

e. Estacionamento do cinema

f. Estacionamento do hotel

Estrutura de custos:

a. Construção

b. Painel solar

c. Armazenamento de energia

d. Manutenção

e. Controlador

f. Recursos humanos

Renovar fluxos:

a. Taxa de utilização

b. Aluguer

c. Licenciamento

d. Publicidade

Printed by Books on Demand GmbH, Norderstedt / Germany